BEI GRIN MACHT SICH IHR WISSEN BEZAHLT

- Wir veröffentlichen Ihre Hausarbeit,
  Bachelor- und Masterarbeit

- Ihr eigenes eBook und Buch -
  weltweit in allen wichtigen Shops

- Verdienen Sie an jedem Verkauf

Jetzt bei www.GRIN.com hochladen
und kostenlos publizieren

Ramona Kraus

Das UNESCO-Welterbe. Chancen und Risiken für die Vulkanregion Kamtschatka und den Nationalpark Kluchevskoy

GRIN Verlag

Bibliografische Information der Deutschen Nationalbibliothek:

Die Deutsche Bibliothek verzeichnet diese Publikation in der Deutschen National-
bibliografie; detaillierte bibliografische Daten sind im Internet über http://dnb.d-
nb.de/ abrufbar.

Impressum:

Copyright © 2014 GRIN Verlag GmbH
Druck und Bindung: Books on Demand GmbH, Norderstedt Germany
ISBN: 978-3-656-82406-0

Inhaltsverzeichnis

1. Das Land aus Feuer und Eis

*„Das jüngste Naturschauspiel auf Kamtschatka, der Ausbruch des Vulkans Plosky
Tolbatschik im November 2012, lenkt die Blicke der Öffentlichkeit auf den spektaku-
lären Vulkanismus und die geologischen Besonderheiten der langgestreckten russi-
schen Halbinsel, die als ein Ausläufer Sibiriens in südlicher Richtung ins Meer ver-
läuft und ihre mythisch anmutende Benennung als 'das Land aus Feuer und Eis' ab-
solut verdient[..]"* (www.globalisierung-fakten.de)

Kaum jemand kennt dieses Stück Land, das für Europäer am anderen Ende der Welt
liegt und bisher in den Medien wenig präsent war. Das liegt auch daran, dass Kamtschatka als strategisch guter Punkt bis 1990 ca. 50 Jahre lang militärisches Sperrge-
biet war. Was man auf dieser Halbinsel aber, die nicht wesentlich größer ist als
Deutschland, alles entdecken kann, fasziniert nicht nur Geographen. Das Nebeneinander von aktiven Vulkanen, wasserspeienden Geysiren, indigenen Völkern und
vom Aussterben bedrohten Tieren und Pflanzen ist fast einzigartig auf dieser Welt.
Genau wegen dieser Einzigartigkeit, dieser Unversehrtheit und Echtheit ist dieses
Gebiet von der UNESCO als Naturerbe in die Welterbeliste aufgenommen worden.
Dass dieser Titel für eine solche Region wie Kamtschatka neben Vorteilen auch viele
Nachteile hat, wird in dieser Arbeit genauer erläutert. Die Vulkanregion Kamtschatka
wird genauer vorgestellt, nachdem die Arbeit der UNESCO und der Inhalt der Welterbekonvention erläutert wurden. Im Anschluss daran werden Chancen und Risiken
des Welterbetitels zuerst allgemein dargestellt, später dann auf das Weltnaturerbe
am Beispiel Kamtschatka zugeschnitten.

2. Premiumsiegel „UNESCO Welterbe"

Weltweit gibt es 1007 solcher Stätten, die das einzigartige Erbe der Welt für die
Menschheit zugänglich machen. Egal welches der 161 Länder man besucht, überall
dort kann man eines dieser bedeutenden Stätten besichtigen. In 779 Fällen sind das
Stätten bzw. Denkmäler, die das kulturelle Erbe unserer Menschheit darstellen und
bis heute weitertragen. Im Gegensatz dazu gibt es weitere 197 sogenannte Natur-
denkmäler – einzigartige Landschaften, die jeden Besucher sofort in seinen Bann
ziehen und für uns noch heute von so großer Bedeutung sind, dass sie sich diesen

Titel verdient haben. Außerdem gibt es noch 31 Stätten, die Kultur und Natur auf so beeindruckende Weise verbinden, dass auch diese den Titel „UNESCO Welterbe" erhalten haben. (vgl. www.unesco.de)

Übergreifende Kriterien, die darüber entscheiden, ob eine Stätte oder ein Gebiet UNESCO Welterbe wird, sind die Einzigartigkeit, die Authentizität (Echtheit) und die Integrität (Unversehrtheit) des Erbes. Darunter stehen noch zehn weitere Kriterien, von denen mindestens eines erfüllt werden muss, um den Titel zu erhalten. (vgl. www.unesco.de)

"Das Komitee betrachtet ein Gut als von außergewöhnlichem universellem Wert, wenn das Gut einem oder mehreren der folgenden Kriterien entspricht. Angemeldete Güter sollten daher:

(i) ein Meisterwerk der menschlichen Schöpferkraft darstellen;

(ii) für einen Zeit- oder in einem Kulturgebiet der Erde einen bedeutenden Schnittpunkt menschlicher Werte in Bezug auf Entwicklung der Architektur oder Technik, der Großplastik, des Städtebaus oder der Landschaftsgestaltung aufzeigen;

(iii) ein einzigartiges oder zumindest außergewöhnliches Zeugnis von einer kulturellen Tradition oder einer bestehenden oder untergegangenen Kultur darstellen;

(iv) ein hervorragendes Beispiel eines Typus von Gebäuden, architektonischen oder technologischen Ensembles oder Landschaften darstellen, die einen oder mehrere bedeutsame Abschnitte der Menschheits-Geschichte versinnbildlichen;

(v) ein hervorragendes Beispiel einer überlieferten menschlichen Siedlungsform, Boden- oder Meeresnutzung darstellen, die für eine oder mehrere bestimmte Kulturen typisch ist, oder der Wechselwirkung zwischen Mensch und Umwelt, insbesondere, wenn diese unter dem Druck unaufhaltsamen Wandels vom Untergang bedroht wird;

(vi) in unmittelbarer oder erkennbarer Weise mit Ereignissen oder überlieferten Lebensformen, mit Ideen oder Glaubensbekenntnissen oder mit künstlerischen oder literarischen Werken von außergewöhnlicher universeller Bedeutung verknüpft sein. (Das Komitee ist der Ansicht, dass dieses Kriterium in der Regel nur in Verbindung mit einem weiteren Kriterium angewandt werden sollte);

(vii) überragende Naturerscheinungen oder Gebiete von außergewöhnlicher Naturschönheit und ästhetischer Bedeutung aufweisen;

(viii) außergewöhnliche Beispiele der Hauptstufen der Erdgeschichte darstellen, einschließlich der Entwicklung des Lebens, wesentlicher im Gang befindlicher geologischer Prozesse bei der Entwicklung von Landschaftsformen oder wesentlicher geomorphologischer oder physiographischer Merkmale;

(ix) außergewöhnliche Beispiele bedeutender im Gang befindlicher ökologischer und biologischer Prozesse in der Evolution und Entwicklung von Land-, Süßwasser-, Küsten- und Meeres-Ökosystemen sowie Pflanzen- und Tiergemeinschaften darstellen;

(x) die für die In-situ-Erhaltung der biologischen Vielfalt bedeutendsten und typischsten Lebensräume enthalten, einschließlich solcher, die bedrohte Arten enthalten, welche aus wissenschaftlichen Gründen oder ihrer Erhaltung wegen von außergewöhnlichem universellem Wert sind." (http://unesco.de/348.html)

Wird mindestens eines der zehn Kriterien erfüllt, kann ein Antrag auf Verleihung des Titels gestellt werden. *„Anträge können nur vom Vertragsstaat selbst eingereicht werden, der mit der Antragsstellung auch die Verantwortung für den Erhalt der Stätte übernimmt."* (http://www.unesco.de/welterbe-aufnahmeverfahren.html)

Mit der Anerkennung als Welterbe sind zunächst keine finanziellen Zuwendungen durch die UNESCO selbst verbunden, d.h. die Vertragsstaaten sind zu einer selbstständigen Finanzierung verpflichtet. Allerdings sind in vielen Ländern, wie auch in Deutschland, der Schutz und die Pflege des Erbes Ländersachen, welche demnach für die finanzielle Unterstützung zuständig sind. Folgende Grafik zeigt auf, in welcher Höhe Fördermittel für bestimmte Stätten beantragt wurden.

Welterbestätten und deren Gesamtfördermittel
in Mio. Euro*

Welterbestätte	Anträge	beantragte Bundesmittel	Welterbestätte	Anträge	beantragte Bundesmittel
Oberes Mittelrheintal	14	14,0	Aachener Dom	2	3,5
Altstädte Stralsund und Wismar	11	12,7	Gartenreich Dessau-Wörlitz	3	2,1
Altstadt Lübeck	3	11,6	Muskauer Park	4	3,0
Quedlinburg	2	10,8	Museumsinsel	1	2,6
Siedlungen der Moderne	10	10,6	Wartburg	1	2,0
Zeche Zollverein	1	10,0	Residenz Würzburg	2	1,8
Altstadt Regensburg mit Stadtamhof	5	7,5	Wieskirche	4	1,6
St. Michaelis und Mariendom	1	6,7	Speyerer Dom	1	1,5
Klassisches Weimar	5	6,4	Trier	4	1,3
Altstadt Bamberg	5	5,0	Grube Messel	1	1,1
Kloster Lorsch	1	4,6	Schloss Augustusburg	1	0,8
Bergwerk Rammelsberg und Goslar	4	4,4	Klosterinsel Reichenau	3	0,6
Kloster Maulbronn	3	4,3	Bremer Rathaus	1	0,6
Limes	10	4,3	Kölner Dom	1	0,1
Wittenberg und Eisleben	4	4,1	Bauhausstätten	2	1,3
Völklinger Hütte	2	4,0	Dresdner Elbtal	0	0
Schlösser/Parks Potsdam, Berlin	5	3,6			

*Werte sind gerundet.

Quelle: Bundesverkehrsministerium

Abbildung 1

Mit Hilfe dieser Fördermittel können sich Stätte Verbesserungen leisten, unter anderem im Bereich Infrastruktur, die ohne das Welterbe so nicht möglich, vielleicht aber auch nicht nötig gewesen wären. Gerade für kleinere Städte sind diese Zuwendungen unentbehrlich.

All diese Dinge wurden am 16. November 1972 in der sogenannten „Welterbekonvention" festgehalten, welche mittlerweil von 191 Statten anerkannt wurde. Diese beschreibt sich als „Übereinkommen zum Schutz des Kultur- und Naturerbes der Welt". Ganz im Sinne der Nachhaltigkeit geht es dabei darum, das Welterbe der ganzen Menschheit und im Besonderen den künftigen Generationen zu erhalten. In dieser Konvention wird das Kulturerbe wie folgt beschrieben: (vgl. www.unesco.de)

- *„Denkmäler: Werke der Architektur, Großplastik und Monumentalmalerei, Objekte oder Überreste archäologischer Art, Inschriften, Höhlen und Verbindungen solcher Erscheinungsformen, die aus geschichtlichen, künstlerischen oder wissenschaftlichen Gründen von außergewöhnlichem universellem Wert sind;*

- *Ensembles: Gruppen einzelner oder miteinander verbundener Gebäude, die wegen ihrer Architektur, ihrer Geschlossenheit oder ihrer Stellung in der Landschaft aus geschichtlichen, künstlerischen oder wissenschaftlichen Gründen von außergewöhnlichem universellem Wert sind;*

- *Stätten: Werke von Menschenhand oder gemeinsame Werke von Natur und Mensch sowie Gebiete einschließlich archäologischer Stätten, die aus geschichtlichen, ästhetischen, ethnologischen oder anthropologischen Gründen von außergewöhnlichem universellem Wert sind."* *(http://www.unesco.de/welterbe-konvention.html)*

Weiterhin gelten als Naturerbe

- *Naturgebilde, die aus physikalischen und biologischen Erscheinungsformen oder -gruppen bestehen, welche aus ästhetischen oder wissenschaftlichen Gründen von außergewöhnlichem universellem Wert sind;*

- *geologische und physiographische Erscheinungsformen und genau abgegrenzte Gebiete, die den Lebensraum für bedrohte Pflanzen- und Tierarten bilden, welche aus wissenschaftlichen Gründen oder ihrer Erhaltung wegen von außergewöhnlichem universellem Wert sind;*

- *Naturstätten oder genau abgegrenzte Naturgebiete, die aus wissenschaftlichen Gründen oder ihrer Erhaltung oder natürlichen Schönheit wegen von außergewöhnlichem universellem Wert sind. (http://www.unesco.de/welterbe-konvention.html)*

Auch Russland weist eine große Zahl an Kultur- und Naturerbe auf, insgesamt gibt es dort 26 Stätten, die diesen Titel tragen. Dazu gehören unter anderem der Kreml und der rote Platz in Moskau, das historische Zentrum von Sankt Petersburg, die Kirchen von Kishi Pogost, die Urwälder von Komi, der Baikalsee und die Vulkanregion Kamtschatka mit dem Naturpark Kluchevskoy. Genau diese letztgenannte Region wird im Folgenden noch Thema sein. (vgl. www.unesco.de)

3. Vulkanregion Kamtschatka mit dem Naturpark Kluchevskoy

Kamtschatka ist eine Halbinsel im ostasiatischen Teil Russlands mit einer Fläche von ca. 370.000 km². Seit dem Jahr 1996 gehören große Teile Kamtschatkas, genauer gesagt etwa 4 Millionen Hektar, zum erlesenen Kreis der UNESCO Weltnaturerbes.

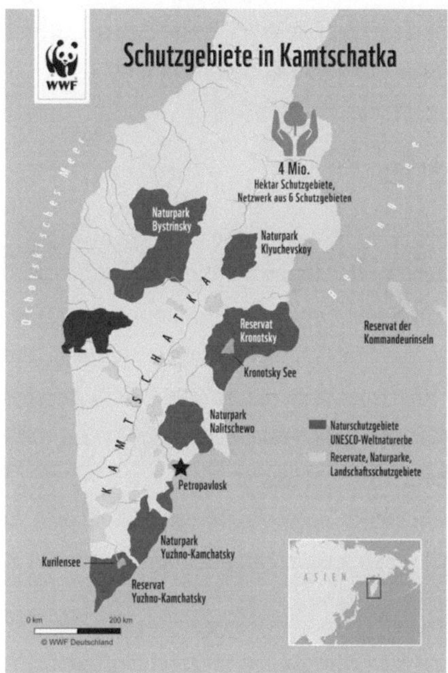

Abbildung 2

Auf die gesamte Fläche verteilt gibt es insgesamt mehr als 160 Vulkane, von denen ganze 29 auch heute noch aktiv sind. Folglich gibt es dort jährlich im Durchschnitt 6 Ausbrüche. Der höchste von ihnen, der Kluchevskaya Sopka, steht im Nordosten Kamtschatkas und ist mit 4835m der höchste Vulkan ganz Eurasiens. Eine weitere Sehenswürdigkeit, die Kamtschatka berühmt gemacht hat, ist das Tal der Geysire. Innerhalb dieses 6km langen Tales befinden sich 90 Geysire, die ebenfalls den Titel Weltnaturerbe tragen. Welche Gebiete genau zu diesem Welterbe zählen, wird auf der nebenstehenden Karte deutlich.

Der Naturpark Kluchevskoy, um den es im Folgenden auch noch gehen wird, liegt im Nordosten und wurde gegründet am 14.12.1999. Schon 2 Jahre später, nämlich im Jahr 2001, wurde das Weltnaturerbe Kamtschatka um diesen Naturpark ergänzt. (vgl. www.kamtschatka.cc)

Die Halbinsel Kamtschatka verfügt über eine hohe Biodiversität, was daran liegt, dass dort 117 Pflanzenarten, 35 Vogel- und 12 Säugetierarten leben, die auf der sogenannten „roten Liste" stehen und deshalb besonders geschützt werden. (vgl. www.gottfried-friedrichs.de)

Was es für eine Region bedeutet, den Titel „UNESCO Welterbe" zu tragen, wird im nachstehenden erläutert.

4. Chancen und Risiken des Welterbetitels

Der Titel „UNESCO Welterbe" klingt für uns auf den ersten Blick immer positiv, vor allem im Bereich Tourismus hat er sich zu einer Art Premiumsiegel entwickelt. Natürlich hat die Ernennung zum Welterbe viele Vorteile für die jeweilige Region, ansonsten würde sich niemand so dafür einsetzten, in diesen erlesenen Kreis aufgenommen zu werden. Dass aber auch viele Risiken und Verpflichtungen damit einhergehen, wird oft nicht beachtet und sozusagen unter den Tisch gekehrt. Beide Seiten, sowohl die positiven als auch die negativen, werden in diesem Abschnitt beschrieben.

4.1 Chancen und Vorteile

Die größte Chance, die natürlich auch weiterführende Konsequenzen hat, ist, dass ein von der UNESCO ausgezeichnetes Gebiet oder Bauwerk immer ein Touristenmagnet ist und Massen an Touristen anzieht. Somit fördert die Ernennung zum Welterbe auch den lokalen Tourismus und es können folglich mehr Erträge aus dem Tourismus geschöpft werden. Vor allem für Kulturinteressierte ist das Premiumsiegel „UNESCO Weltkulturerbe" immer ein Entscheidungskriterium. Das liegt daran, dass dieser Titel auch oft als Marketinginstrument verwendet wird. Wer Werbung damit macht, eines der insgesamt 1007 Welterbe in seiner Region zu haben, erhofft sich zu Recht einen großen Erfolg damit. Dazu zählen steigende Übernachtungszahlen und vor allem auch der Besuch von ausländischen Touristen.

Sobald der Tourismus dann einmal höhere Besucherzahlen verzeichnet, kann mit dem daraus geschöpften Gewinn die Qualität des touristischen Angebots verbessert werden. Mehr Betten, eine bessere Infrastruktur etc. – viele solcher Verbesserungen können nur mit Hilfe des Welterbetitels getätigt werden. Da die UNESCO, z.B. in Deutschland, stark mit den nationalen Tourismuszentralen zusammenarbeitet, ergeben sich dadurch weitere Vorteile für die Vertragsstaaten. Reiseangebote, die ausschließlich Welterbestätten im Programm haben, werden immer beliebter und können durch die Verknüpfung mit anderen Welterbestätten leichter ausgearbeitet werden. Gerade für Deutschland ist der Faktor Tourismus im Zusammenhang mit dem Welterbe sehr wichtig, immerhin sind sie auf Platz 5 der Welterbeliste mit ganzen 36 Stätten. Dieses Potenzial muss natürlich genutzt werden.

Abgesehen vom Bereich Tourismus ist es für eine Region auch noch anderweitig vorteilhaft, den Titel Welterbe zu tragen. Natürlich ist dieses Siegel ein Baustein, um die Marke einer Stadt weiter auszubauen. Immerhin bringt sie auf jeden Fall einen großen Schub für den Tourismus, den Handel und die Gastronomie einer Region. Vor allem für ländlichere Gegenden ist dies ein großer Zugewinn. Durch die potenziellen Sponsoren und Fachleute, deren Aufmerksamkeit dadurch erweckt wird, erlebt die regionale Entwicklung einen Aufschwung. Das Interesse verschiedener Akteure wir geweckt, wodurch eine Welterbestätte im In- sowie im Ausland an Bekanntheit gewinnt.

Ursprünglich und vorrangig ist die Marke ein Instrument zur Völkerverständigung und zur internationalen Zusammenarbeit, man wird nicht nur in den Kreis der Welterbstätten aufgenommen, sondern auch in eine internationales Netzwerk, bestehend aus verschiedensten Akteuren. Aus diesen Beziehungen kann eine Region für sich auch besondere Vorteile ziehen. Das ist neben einem Prestigegewinn von außerhalb auch die Stärkung von innen heraus. Der lokale und nationale Stolz wird gepusht und die Bevölkerung vor Ort, vor allem die jungen Bewohner, kann für Erhaltungsmaßnahmen das Welterbe betreffend leichter gewonnen und für die Probleme sensibilisiert werden. Neben einem Zugewinn an Anerkennung von außerhalb steht eine Stätte als UNESCO Welterbestätte auch immer unter einem besonderen Schutz, vor allem in Zeiten von Krieg und Terrorismus. (vgl. www.deutschlandfunk.de, www.spiegel.de, www.arte.tv, www.fr-online.de)

Dass alles Vor- und aber auch Nachteile hat, liegt in der Natur der Sache. So gut sich die vorausgehenden Absätze auch anhören mögen, ergeben sich auf den zweiten Blick auch einige Risiken und Verpflichtungen, die man erst erkennt, wenn man sich mit diesem Thema länger auseinandersetzt. Genau diese Nachteile werden im Folgenden erläutert.

4.2 Risiken, Konflikte und Verpflichtungen

Die oberste Pflicht der Vetragsstaaten ist es selbstverständlich, das Welterbe – egal ob Kultur oder Natur – ordentlich zu schützen, zu pflegen und es respektvoll zu behandeln. Leider ist der Weg dazu nicht immer einfach und es müssen viele Herausforderungen bewältigt werden. Das, was den zukünftigen Vertragsstaaten am Vorfeld die meisten Sorgen bereitet, ist wohl die Finanzierung eines solchen Welterbes. Denn der Schutz und die Erhaltung sind mit einem sehr großen finanziellen Aufwand verbunden, der größtenteils aus der eigenen Kasse gestemmt werden muss. Denn mit der Ernennung zum Welterbe sind ja zunächst keine Zahlungen verbunden, außer man erhält Geldmittel aus einem der Welterbefonds. Doch auch dieses Geld reicht nicht, um das Welterbe gerecht zu verwalten. Zwar bringt die Aufnahme in die Welterbeliste meist einen Aufschwung im Tourismus mit sich, was aber auch negativ betrachtet werden kann und muss. Denn die Überflutung mit Touristen bringt auch meist eine Zerstörung des Welterbes mit sich. So hat z.B. das Welterbe Venedig in Italien ein großes Problem mit der Müllentsorgung, seit es 1987 zum Weltkulturerbe erklärt wurde. Denn auf die rund 270.000 Einwohner der Lagune kommen täglich ca. 39.000 Touristen, die natürlich auch Müll hinterlassen. (vgl. www.spiegel.de) Da stellt sich dann auch die Frage, ob es mit diesem Touristenüberfluss möglich ist, eine homogene Weiterentwicklung zu gewährleisten. Der Tourismus boomt, was heißt, dass die Touristenzahlen steigen werden, die Fläche der Destinationen sich aber nicht vergrößern wird. Man muss Überlegungen anstellen, ob man diese großen Mengen noch verkraften will und vor allem kann. Doch leider überwiegen im Zusammenhang mit der Ernennung zum Welterbe oft die kurzfristigen, rein wirtschaftlichen Interessen. Doch dem wird mittlerweile entgegengewirkt, denn die Anträge werden immer aufwändiger und anspruchsvoller. So überlegt sich der potentielle Vertragsstaat zweimal, ob er diese Verpflichtung wirklich eingehen will und die Möglichkeiten und Ressourcen dazu hat.

Was außerdem als großer Stein im Weg liegt, sind die immer strenger werdenden Auflagen der Denkmalschützer, denkmalverträglicher Tourismus wird immer wichtiger. Dasselbe gilt für den nachhaltigen Tourismus. Immerhin ist die Leitidee der Welterbekonvention, das Welterbe für die ganze Menschheit und vor allem für künftige Generationen zu bewahren. Das entspricht genau dem Konzept der Nachhaltigkeit. Ein solches Welterbe ist eine verletzliche Stelle, und genau deshalb wird es auch oft als Ziel für Terroranschläge oder in Kriegszeiten herangezogen. Auch wenn genau dies durch einen besonderen Schutz vermieden werden soll, passiert es leider doch allzu oft. Oft wird auch bemängelt, dass der Begriff „Welterbe" inflationär gebraucht wird. Das Siegel „UNESCO Welterbe" ist eine eingetragene Marke, viele Stätten aber schmücken sich mit diesen fremden Federn.

Neben den vielen Risiken, die von außerhalb an eine Welterbestätte herankommen, gibt es auch einige Konfliktpotenziale, die innerhalb der Vetragsstaaten geregelt werden müssen. So müssen einige Dinge miteinander verknüpft werden, die so eigentlich nicht zusammenpassen. Neben dem denkmalverträglichen und nachhaltigen Tourismus ist es auch wichtig, die Interessen der Bevölkerung vor Ort zu beachten. Ohne deren Unterstützung wird es dem Vertragsstaat schwer fallen, den Verpflichtungen nachzukommen. Gerade im Zusammenhang mit dem wachsenden Tourismussektor ist die Unterstützung der Bewohner unerlässlich. Auch die Vereinbarung von Schutz und Weiterentwicklung, z.B. im Bereich Stadtplanung, muss einwandfrei funktionieren. Einerseits muss das Welterbe natürlich bewahrt werden, die Entwicklung der Stadt nebenan darf aber nicht zum Stillstand kommen. Genauso ist es bei dem Nebeneinander von Naturschutz und den Wirtschaftsinteressen. Ohne Geld kann der Schutz der Natur nicht gewährleistet werden, allerdings muss dieses Geld auch richtig eingesetzt werden, um hierbei etwas zu erreichen. (vgl. www.deutschlandfunk.de, www.spiegel.de, www.arte.tv, www.fr-online.de)

Im vorausgehenden Kapitel erwähnte Chancen und Risiken sind allgemein gehalten, können sowohl Kultur- als auch Naturerbe betreffen. Welche dieser Faktoren, sowohl positiv als auch negativ, speziell auf Weltnaturerbestätten zutreffen, wird im Folgenden am Beispiel der Vulkanregion Kamtschatka spezifiziert.

4.3 Chancen und Risiken für das Weltnaturerbe „Vulkanregion Kamtschatka"

Die Vulkanregion Kamtschatka ist eines der flächenmäßig größten Weltnaturerbe der Welt. Mit einer Fläche von 4.000.000 Hektar Naturschutzgebiet steht ein Großteil der Halbinsel unter besonderem Schutz sowohl der UNESCO als auch des WWF. Bevor die Region 1996 zum UNESCO Weltnaturerbe erklärt wurde, hat man sich im Vorfeld Gedanken über Chancen und Risiken im Zusammenhang mit diesem Titel gemacht. Welche Vor- und Nachteile dies sein können und sind, wird im nachstehenden Abschnitt erläutert.

Positiv für die bisher eher unbekannte Region Kamtschatka ist natürlich, dass der örtliche Tourismus einen Aufschwung erfährt. Dies hängt damit zusammen, dass die

Region an Aufmerksamkeit und Bekanntheit im In- und vor allem im Ausland erfährt. Hauptsächlich für Naturinteressierte bietet dieses Welterbe zahlreiche Naturerscheinungen wie z.B. Geysire, Vulkane etc. Durch den Mehrgewinn aus dem Tourismus werden auch andere Bereiche, unter anderem die Wirtschaft vor Ort, gefördert. Gerade in so ländlichen Regionen wie Kamtschatka, die vor allem von der Industrie und dem Fischfang leben, ist dies eine große Chance. Dadurch, dass das Interesse von überwiegend ausländischen Investoren geweckt wird, kann die vorhandene Infrastruktur verbessert und ausgeweitet werden, was nicht nur den Touristen, sondern auch der örtlichen Bevölkerung und Industrie zu Gute kommt. Natürlich wird durch den steigenden Bekanntheitsgrad im In- und Ausland auch der nationale und lokale Stolz gefördert werden. Was vor allem für so ursprüngliche und unberührte Gegenden wie Kamtschatka einen hohen Stellenwert hat, ist, dass das Welterbe in Zeiten von Krieg und Terror unter einem besonderen Schutz steht. So war Kamtschatka während des Kalten Krieges als Sperrzone ausgerufen. Nicht nur deshalb ist diese Region auch heute noch so natürlich und unverfälscht. Leider kann die UNESCO ein Welterbe nicht von allen Einflüssen von außen schützen, der Klimawandel und Naturkatastrophen können nicht aufgehalten werden und zerstören auch in Kamtschatka große Teile des faszinierenden Welterbes. Doch das ist nicht das einzige Risiko, dem Kamtschatka als solches ausgesetzt ist.

Da die Aufnahme in die Welterbeliste zuerst nicht mit finanziellen Zuwendungen verbunden ist, ist es für wirtschaftlich schwächeren Regionen, zu denen Kamtschatka zählt, schwieriger, die Geldmittel aufzutreiben und bereitzustellen. Auch die finanziellen Effekte, z.B. der Mehrgewinn durch den wachsenden Tourismus, sind eher gering. Zumindest sind sie geringer als beispielsweise in Deutschland. Woran Kamtschatka außerdem zu beißen hat, ist, dass das Konzept des UNESCO Welterbes stark westlich geprägt ist. Aus diesem Grund sind gut 54% der 1007 Welterbestätten in Europa, es liegt also eine extreme Ungleichverteilung vor. Gerade die nicht-westlichen Vetragsstaaten müssen daher einiges an Anforderungen zurückstecken. Auch das Thema Naturschutz ist in Kamtschatka von hoher Bedeutung, was natürlich daran liegt, dass es ein Weltnaturerbe ist. Einerseits sind sie dort froh über den wachsenden Tourismus in ihrem Gebiet, andererseits sind sie aber auch besorgt über den Verschleiß, der sich leider nicht vermeiden lässt. Der nachhaltige Tourismus ist weltweit ein Thema, aber gerade in einem so ursprünglichen Gebiet wie dieser Vulkanregion ist der Schutz der Natur besonders wichtig. Das wird auch in Zukunft noch eine große Herausforderung darstellen, für alle Weltnaturerbestätten, nicht nur Kamtschatka. (vgl. www.deutschlandfunk.de, www.spiegel.de, www.arte.tv, www.fr-online.de)

5. Ausblick und Fazit

Fakt ist, dass die Ernennung zum Welterbe für viele Stätten mit besonderer Bedeutung für die Menschheit, erstrebenswert ist. Wer sich allerdings im Vorfeld nicht genügend über die Chancen und Risiken informiert, die mit diesem Titel zusammenhängen, wird eventuell eine böse Überraschung erleben. Egal ob es sich dabei um eine Kultur- oder ein Naturerbe handelt, viele der eben genannten Vor- und Nachteile treffen auf beide zu und sind auch essentiell, um der Verpflichtung zum Schutz und Erhalt der Welterbestätte nachkommen zu können. So ist es für den Vertragsstaat unerlässlich, vorab seine Möglichkeiten und Ressourcen zu können und abzuschätzen, ob dieses Erbe ordentliche geschützt und respektvoll behandelt werden kann. Natürlich sind viele dieser Risiken schwerwiegend, und auch nicht gegen jeden Faktor kann vorgegangen werden. Jedoch überwiegen in vielen Fällen die positiven Faktoren. Wenn es andersrum wäre, könnte das Konzept der UNESCO zum Schutz und Erhalt unseres Welterbes für künftige Generationen nicht funktionieren. Und der Titel „UNESCO Welterbe" hätte sich nicht zu einer Art Premiumsiegel, vor allem im Bereich Tourismus, entwickelt. So werden auch in Zukunft viele Länder es anstreben, in genau diese Welterbeliste aufgenommen zu werden und dazu beitragen können, das Erbe unserer Welt nachhaltig zu bewahren.

Literatur

- www.arte.tv
- www.deutschlandfunk.de
- www.fr-online.de
- www.globalisierung-fakten.de
- www.gottfried-friedrichs.de
- www.kamtschatka.cc
- www.spiegel.de
- www.unesco.de
- www.wwf.de
- Albus, Natascha „Das Erbe der Welt" (2011)
- Hemme, Dorothee „Prädikat „Heritage": Wertschöpfung aus kulturellen Ressourcen" (2007)
- Hemme, Dorothee „Leben im Weltkulturerbe" (2008)
- Heßberg, Andreas „Kamtschatka – Zu den Bären und Vulkanen im Nordosten Sibiriens" (2012)
- Luger, Kurt „Welterbe und Tourismus: Schützen und Nützen aus einer Perspektive der Nachhaltigkeit" (2008)
- Suckau, Oliver „Welterbe der UNESCO aus touristischer Sicht: Welche Vorteile bringt die „Adelung" zum Welterbe aus touristischer Sicht?" (2013)
- Abbildung 1: www.bmvi.de „Welterbestätten und deren Gesamtfördermittel"
- Abbildung 2: www.wwf.de „Schutzgebiete in Kamtschatka"